BEI GRIN MACHT SICH IHR WISSEN BEZAHLT

- Wir veröffentlichen Ihre Hausarbeit,
  Bachelor- und Masterarbeit

- Ihr eigenes eBook und Buch -
  weltweit in allen wichtigen Shops

- Verdienen Sie an jedem Verkauf

Jetzt bei www.GRIN.com hochladen
und kostenlos publizieren

Dieses Buch bei GRIN:

https://www.grin.com/document/452035

Björn Arne Schnurr

Die Herstellung von Cognac

GRIN Verlag

Universität Hamburg

Fakultät 6: Mathematik, Informatik und Naturwissenschaften

Fachbereich Chemie

Wintersemester 2012/2013

Veranstaltung: Praktische Lebensmitteltechnologie

<u>Hausarbeit</u>

Die Herstellung von Cognac

Björn Arne Schnurr

Lehramt Berufliche Schulen

Ernährungs- und Haushaltswissenschaften

Unterrichtsfach: Sozialwissenschaften

Inhaltsverzeichnis

1. Herkunft des Cognac

1.1. Anbaugebiet

Cognac ist ein Qualitätsbranntwein aus Weißweinen, welche ausschließlich aus dem gesetzlich geschützten Gebiet der Charante stammen. Die Charante befindet sich nördlich von Bordeaux. Im Herzen der Charente liegt die Stadt Cognac, die dem Branntwein aus der Region ihren Namen verliehen hat.[1] Cognac ist somit eine geschützte Herkunftsbezeichnung mit genau kontrollierten Vorbedingungen und Eigentümlichkeiten seiner Herstellung.[2]

1.2. Lagen

Nur die Branntweine, die innerhalb der Charante hergestellt werden, dürfen als geschützte Herkunftsbezeichnung (*Appellation d´origine contrôlée*) den Namen Cognac tragen. Die Charente ist in sechs verschiedene Lagen (Crus) eingeteilt, welche eine Einstufung der Qualität der Erzeugnisse sowie eine Wertschätzung durch den Handel wiedergeben. Die folgende Einteilung erfolgt in abstufender Reihenfolge:[3]

Grande Champagne

Die Grande Champagne verfügt über ca. 12.000 Hektar Weinberge, welche für den Anbau von Weißweinen für die Cognac-Produktion bewirtschaftet werden. Die Lage bringt sehr feine und leichte Branntweine hervor; dies resultiert aus dem sehr kreidereichen Boden. Die erzeugten Branntweine benötigen eine lange Lagerung in Eichenholzfässern für ihre volle Entwicklung.[4] Ca. 15% der zu Cognac verarbeiteten Weine stammen aus dieser Lage. Cognac der ausschließlich aus dieser Lage stammt, darf die Appellation contrôlée „Cognac Grande Champagne" oder „Cognac Grande Fine Champagne" tragen.[5]

Petite Champagne

Auch die Petite Champagne (ca. 15.000 Hektar) besitzt sehr kreidehaltige Böden, der Kreideanteil ist jedoch geringer als in der Grande Champagne.

---

[1] Vgl. Siegel, Siegel, Lenger, Roman, Radl, 1986, S. 505
[2] Vgl. Kolb, Fauth, Frank, Simson, Ströhmer, 2002, S.43
[3] Vgl. Kolb et al., 2002, S. 43
[4] Vgl. Bureau National Interprofessionnel du Cognac, 2009
[5] Vgl. Siegel et al., 1986, S. 506

Hier werden feinblumige und feurige Weine hergestellt. Ca. 19% der Cognac-Weine stammen aus der Petite Champagne. Werden Weine aus der Grande und Petite Champagne miteinander verschnitten, dürfen sie als Fine Champagne bezeichnet werden, wenn mindestens 51% aus der Grande Champagne stammen.[6] Branntweine, die ausschließlich aus dieser Lage stammen, dürfen als „Cognac Petite Champagne" oder „Cognac Petite Fine Champagne" deklariert werden.[7]

Les Borderies

Cognac aus dieser Lage hat eine sehr ausgeprägte Duftnote und ist am körperreichsten, lässt aber eine besondere Feinheit vermissen. Dies ist auf das kräftige Aroma der Weine zurückzuführen, die auf den gelben und fetten Böden kultiviert werden. Ca. 5% der verwendeten Weine stammen von dieser ca. 4.000 Hektar großen Lage.[8] Cognac, der von dieser Lage stammt, ist dafür bekannt, dass er seine optimale Qualität bereits nach einer kürzeren Reifeperiode erreicht, als die Cognacs aus den Champagne-Lagen. Branntweine, die ausschließlich von dieser Lage stammen, dürfen die Appellation Contrôlée „Cognac Borderies" tragen.[9]

Fine Bois

Das Gebiet (ca. 30.000 Hektar) bringt ca. 41% des Gesamtertrages hervor[10]. Die Branntweine altern relativ schnell und sind weich und abgerundet. Cognacs, die ausschließlich aus dieser Region stammen, dürfen die Appellation Contrôlée „ Cognac Fine Bois" tragen.[11]

Bone Bois

Der Anteil am Gesamtertrag dieses Gebietes (ca. 11.000 Hektar) liegt bei ca. 17%. In diesem relativ waldigen Gebiet werden sehr „feurige" Cognacs hergestellt.[12] Die Branntweine aus dieser Lage altern sehr schnell. Stammen die Branntweine ausschließlich aus dieser Lage, dürfen sie als „Cognac Bons Bois" ausgezeichnet werden.

---

[6] Vgl. Siegel et al., 1986, S. 506
[7] Vgl. Bureau National Interprofessionnel du Cognac, 2009
[8] Vgl. Siegel et al., 1986, S. 507
[9] Vgl. Bureau National Interprofessionnel du Cognac, 2009
[10] Vgl. Siegel et al., 1986, S. 507
[11] Vgl. Bureau National Interprofessionnel du Cognac, 2009
[12] Vgl. Siegel et al., 1986, S. 507

Bois ordinaires

Auf die ca. 3.000 Hektar dieser am Atlantik liegenden Lage entfallen ca. 3% des Gesamtertrages. Die hier angebauten Weine haben keinen besonderen Charakter und bringen schnell alternde Branntweine hervor.[13]

2. Die Rebsorten

Laut bestehender Regelung müssen 90% der zur Cognacproduktion verwendeten Weine aus den Rebsorten *Ugni Blanc, Colombard und Folle Blanche* stammen. Den Hauptanteil trägt *Ugni Blanc*, die 98% der Cognac-Rebfläche ausmacht.[14]

2.1. Ugni Blanc

Ugni Blanc ist eine spätreifende Sorte italienischen Ursprungs, die eine gute Resistenz gegen Graufäule und einen hohen Ertrag aufweist. Die späte Reife und der hohe Ertrag bewirken einen geringen Alkoholgehalt und hohen Säureanteil der zu destillierenden Weine. Dies sind zwei prägnante Merkmale für die spätere Qualität des Cognacs: Der geringe Alkoholgehalt führt zu einer stärkeren Konzentration der im Wein enthaltenden Aromen, während die Säure eine natürliche Konservierung über die Wintermonate ermöglicht.[15]

2.2. Weitere verwendete Rebsorten

Sehr selten verwendete, aber erlaubte Sorten sind *Jurançon Blanc, Meslier-Saint-François, Montils, Sémillon, Sélect und Folignan.*[16]
Erwähnenswert ist, dass *Folignan* eine jüngere Rebsorte ist, die aus einer Kreuzung von *Ugni Blanc* und *Folle Blanche* hervorgeht. *Folle Blanche* war bis zur Reblaus-Katastrophe die meistverbreitete Rebsorte. *Folignan* vereint Merkmale ihrer Eltern: ein mittelhoher Ertrag und eine frühere Reife als *Ugni Blanc*. Sie ist etwas empfindlicher gegen Graufäule als *Ugni Blanc*, ergibt jedoch komplexere Branntweine. Erst 2005 wurde *Folignan* in die Verordnung über die Herkunftsbezeichnung aufgenommen.

---

[13] Vgl. Siegel et al., 1986, S. 507
[14] Vgl. Kolb et al., 2002, S. 44
[15] Vgl. Bureau National Interprofessionnel du Cognac, 2009
[16] Vgl. Schäfer, 2011, S. 6

3. Die Ernte – vom Weinberg bis zur Presse

Die Weinlese beginnt im Allgemeinen Mitte September - wenn die Trauben reif sind
und die gewünschte Ausgewogenheit von Zucker und Säure erreicht ist - und endet
gegen Mitte Oktober. Im gesamten Gebiet der Charente hat sich mittlerweile die
maschinelle Traubenernte ausgebreitet. Nur wenige Winzer verlesen ihre Trauben noch
per Hand.

Das Aroma und die Zusammensetzung der späteren Branntweine wird erheblich durch
die Behandlung der Trauben auf dem Weg von der Weinernte zur Presse beeinflusst.
Grundsätzlich kann man davon ausgehen, dass die gelesenen Trauben schnell zur Kelter
transportiert werden sollten, um die Oxidation so gering wie möglich zu halten.[17]

4. Das Keltern

Unmittelbar nach der Ernte erfolgt das Keltern der Trauben in pneumatischen Pressen
oder herkömmlichen Horizontalpressen. Für die Qualität des Endproduktes sind eine
minimale Truberzeugung, eine schrittweise Saftgewinnung und eine möglichst geringe
Oxidation von Bedeutung. Da lange Wartezeiten einen negativen Einfluss auf die
Qualität haben können, gilt es diese durch eine gute Anpassung an die Erntemenge zu
vermeiden. Der Typ der Kelter beeinflusst die Qualität und die Nutzungsmerkmale des
Mostes. Werden Stile und Kerne mit zerquetscht, werden Gerbstoffe freigesetzt.[18] Aus
diesem Grund ist die Verwendung von kontinuierlichen Schneckenpressen untersagt,
um den Gehalt an Bitterstoffen im Most so gering wie möglich zu halten.[19]

4.1. Horizontalpressen
Die mechanische Horizontalpresse mit Scheibe ist sehr robust und einfach zu bedienen.
Sie stellt die am häufigsten verwendete Kelter in der Region dar.

4.2. PneumatischePressen
Über eine modernere Bauart verfügen pneumatische Pressen. Hier werden die Trauben
mit geringerem Druck und sanfterem Zerkleinern der Trauben mit Hilfe einer Membran
gepresst.[20]

---

[17] Vgl. Bureau National Interprofessionnel du Cognac, 2009
[18] Vgl. Bureau National Interprofessionnel du Cognac, 2009
[19] Vgl. Kolb et al., 2002, S. 44
[20] Vgl. Bureau National Interprofessionnel du Cognac, 2009

5. Der Wein

5.1. Spezifische Merkmale

Weine, die über die Charentaiser Weinbereitung gewonnen werden, besitzen ganz spezielle Eigenschaften: Sie verfügen über einen geringen Alkoholgehalt (8-10Vol.-%), der eine bessere Konzentration der Aromen ermöglicht, und sie weisen einen hohen Säuregehalt auf, welcher von wesentlicher Bedeutung für eine natürliche Konservierung des Weines ist. Dies ist notwendig, da auf die Schwefelung verzichtet werden muss, da eine starke Konzentration von SO_2 Mängel bei der Destillation hervorrufen würde, was mit der Qualität der Cognac-Branntweine unvereinbar wäre.[21]

5.2. Alkoholische Gärung

Die alkoholische Gärung dauert 4 bis 8 Tage. Dabei verarbeitet die Hefe *Saccharomyces cerevisiae* die Nährstoffe des Mostes mit zwei grundlegenden Ergebnissen:

1. Mostzucker wird in Ethanol umgewandelt. Diese Reaktion erzeugt Energie, welche zu einem kleinen Teil von den Hefen für deren Vermehrung verwendet wird. Der größere Teil der Energie wird in Wärme umgesetzt. Da eine Temperatur von über 30°C die Aktivität der zugesetzten Hefen stören kann, muss die Temperatur des in der Gärung befindlichen Weins ständig überwacht werden.

2. Es entstehen flüchtige Verbindungen, die während der Destillation konzentriert werden und von großer Bedeutung für die Aromen im neuen Branntwein sind. Zu den wichtigsten flüchtigen Verbindungen zählen Aldehyde, höhere Alkohole, Acetatester, Fettsäureester und Ester aus höheren Alkoholen. Da die meisten Ester den Branntweinen blumige und fruchtige Aromen verleihen, sind sie durchaus erwünscht. Andere von den Hefen erzeugte Verbindungen, wie höhere Alkohole, Ethanal, Ethylacetat usw., sind von Bedeutung für die Ausgewogenheit des Cognacs, können jedoch bei zu hoher Konzentration zu unerwünschten Qualitätsabweichungen führen.[22]

---

[21] Vgl. Bureau National Interprofessionnel du Cognac, 2009
[22] Vgl. Bureau National Interprofessionnel du Cognac, 2009

5.3. Malolaktische Gärung

Die malolaktische Gärung, bei der Apfelsäure durch Milchsäurebakterien in Milchsäure umgewandelt wird, kann im Anschluss an die alkoholische Gärung erfolgen; dies ist jedoch nicht obligatorisch. Sie kann in weniger als fünf Tagen abgeschlossen sein, manchmal kann der Abbau der Apfelsäure jedoch auch mehrere Wochen in Anspruch nehmen. Verantwortlich für die malolaktische Gärung zeigen sich Bakterien der Art *Oenococcus oeni,* die sich erst im Most vermehren, wenn die alkoholische Gärung abgeschlossen ist. Ausschlaggebend hierfür ist das Absterben der Hefezellen, die keine Hemmstoffe mehr gegen die Bakterien entwickeln können und Nährstoffe freisetzen, welche die Vermehrung der Bakterien ermöglichen. Die Phasen der verschiedenen Gärungsarten sollten sich nicht überschneiden da dies zu Qualitätsabweichungen führen würde.

Die malolaktische Gärung wird empfohlen, da sie Cognacs mit abgerundeterem Geschmack ergibt und den Gehalt an Ethanal senkt, das u.U. von den Hefen in zu großen Mengen produziert wurde. Da die Apfelsäure (das Hauptsubstrat zahlreicher Bakterienarten) verbraucht ist, sind die Weine außerdem in mikrobiologischer Hinsicht stabiler.[23]

6.   Die Destillation

6.1. Das Charentaiser Brennverfahren

Bei der Cognacbrennerei hält man ganz bewusst an althergebrachten Methoden mit einfacher Brennblase, der *Alambic charentaise,* fest. Diese und eine periodische Destillation sind ebenso vorgeschrieben, wie die direkte Beheizung über offenem Feuer. Früher handelte es sich hierbei meist um Holz- oder Kohlefeuer, heute wird in den meisten Fällen Propangas verwendet. Wichtig ist, dass die Rauchgase die Blasenwandungen nur bis zu der Höhe umstreichen, bis zu der auch bis zum Ende der Destillation noch die Flüssigkeit reicht. Dies ist notwendig, um eine Überhitzung und damit einhergehende Verbrennung der Trubbestandteile (z.B. Hefe) zu verhindern und einen daraus resultierenden brenzligen und scharfen Geruch oder Geschmack des Destillats zu vermeiden. Oftmals wird heute auch ein Teil der Hefen vor der Destillation entfernt. Die aus der Brennblase aufsteigenden Dämpfe passieren einen relativ kleinen Helm, der entweder die Form einer Birne, Olive oder einer Zwiebel hat. Durch ein

---

[23] Vgl. Bureau National Interprofessionnel du Cognac, 2009

schwanenhalsähnliches geformtes Rohr werden die Dämpfe abgeleitet und passieren dabei den Weinvorwärmer. Dabei kondensieren die Dämpfe teilweise schon und der zu destillierende Wein wird vorgewärmt. Anschließend werden die Dämpfe im Schlangenkühler weiter gekühlt und kondensieren vollständig.

Eine zweifache Destillation ist für Cognac zwingend vorgeschrieben. Während der ersten Destillation wird der Raubrand (*brouillis*) erzeugt, der einen Alkoholgehalt von 24-30 Vol.-% Alkohol enthält. Zurück bleibt die Schlempe. Für die erste Destillation dürfen Brennkessel mit einer Kapazität von maximal 140 hl Kapazität und 120 hl Füllmenge (Toleranz von 5%) verwendet werden.

Im zweiten Destillationsvorgang (*bonne chauffe*), der nur in Brennblasen mit einer maximalen Kapazität von 30 hl und einer maximalen Füllmenge von 25 hl (Toleranz von 5%) durchgeführt werden darf, werden der aldehydreiche Vorlauf (*tête*) und der fuselige Nachlauf (*seconde oder queue*) abgetrennt, um das wertvolle Herzstück (*coeur*) zu separieren. Nur dieser Teil des Destillats ist für die Reifung in Eichenholzfässern vorgesehen. Als Vorlauf werden normalerweise nur wenige Liter abgetrennt. Für eine richtige Umschaltung von Mittellauf und Nachlauf wird langsam destilliert. Nach geschmacklicher Erfahrung ist der richtige Zeitpunkt bei ca. 60 Vol.-% erreicht; dies hängt jedoch auch stark von der Qualität des Raubrandes ab. Die abgetrennten Vor- und Nachläufe werden in der Regel dem Raubrand wieder zugefügt, wo sich deren Inhaltsstoffe weiter anreichern. Die Vorlage des Herzstücks darf maximal 72 Vol.-% Alkoholgehalt aufweisen und auch nur in dieser Stärke in das Reifelager eingelagert werden. Die Destillation muss bis zum 31. März abgeschlossen sein.[24]

6.2. Dauer und Ertrag der Destillation

Es werden ca. 9 Liter Wein benötigt um 1 Liter Branntwein mit 72 Vol.-% herzustellen, da bei jedem Brennen ca. 2/3 des Ausgangsvolumens verloren gehen.

Für den Raubrand müssen ca. drei Volumen Wein destilliert werden um ein Volumen Raubrand für die zweite Destillation (*Bonne Chauffe*) zu erhalten. Die erste Destillation dauert in etwa 9 Stunden.

Bei der zweiten Destillation müssen die zuerst gewonnenen flüchtigsten Verbindungen entfernt werden, um nicht eine zu hohe Konzentration im fertigen Destillat zu erreichen, was sich negativ auf die Qualität des Branntweins auswirken würde. Dies geschieht mit der Abtrennung des Vorlaufs (*tête*) und stellt ca. 1-2 % des Raubrand-Volumens dar.

---

[24] Vgl. Kolb et al., 2002, S. 44

Das für die Cognacherstellung verwendete Herzstück (*coeur*) macht ca. 40 % des Raubrand–Volumens aus. Mit ca. 30 % des Raubrand-Volumens folgt die nächste Fraktion – das zweitrangige Destillat (*secondes)*. Diese Fraktion sowie der am Ende der Destillation anfallende Nachlauf (*Queues*), der ca. 10 % des Raubrand-Volumens darstellt, werden nicht im Endprodukt verwendet. Die restliche im Raubrand enthaltene Flüssigkeit besteht aus Nachwein (*vinasses)* und wird nicht destilliert. Der *Bonne Chauffe* dauert in etwa 13 Stunden.[25]

7. Die Lagerung

7.1. Das Holz

Es werden ausschließlich zwei Eichenarten, die Traubeneiche und die Stieleiche, zur Herstellung von Cognac-Fässern genutzt. Die Stieleiche, ein grobporiges Holz aus einem Mittelwald, stammt aus den Limousin-Wäldern, die Traubeneiche, ein feinporiges Holz aus einem Hochwald, aus den Tronçais-Wäldern. Dem Hersteller ist es frei überlassen, welches der beiden Hölzer er für die Alterung seiner Destillate verwendet. Das Holz aus den Tronçais-Wäldern verleiht dem Destillat mehr aromatische Verbindungen wie Methyl-Octalaktone (Holz, Kokosnuss), Eugenol (Gewürznelke) usw., während das Holz aus den Limousin-Wäldern mehr Tannine an den Branntwein abgibt. Vorrangig wird die Wahl von der Art des zu erzeugenden Cognacs abhängig gemacht.[26]

7.2. Die Fassherstellung

Für die Fassherstellung eignen sich nur 20% des Baums. Der Stamm muss über einen ausreichenden Durchmesser verfügen, darf keine Astknoten aufweisen und muss über gerade Fasern verfügen. Nur die Teile des Stammes, die diesen Anforderungen gerecht werden, besitzen die Daubenholz-Qualität. Das verwendete Holz wird aus dem Kernholz des Stammes gewonnen. Da es aus toten Zellen besteht, hat es keine physiologischen Funktionen sondern lediglich eine Stützfunktion. Da die Daubenhölzer den Holzfasern folgen müssen, um ein dichtes Fass zu erhalten, werden sie gespalten und nicht gesägt.

Die zur Fassherstellung verwendeten Hölzer dürfen einen maximalen Feuchtigkeitsgehalt von 15% aufweisen. Wird zu feuchtes Holz verwendet, trocknen die

---

[25] Vgl. Bureau National Interprofessionnel du Cognac, 2009
[26] Vgl. Bureau National Interprofessionnel du Cognac, 2009

Fässer während der Lagerung weiter und ziehen sich zusammen - was zu Undichtigkeit führt. Die Trocknung der Hölzer findet normalerweise an der freien Luft statt wo sie den Witterungseinflüssen ausgesetzt sind. Diese Bedingungen bewirken ein Auswaschen der Tannine aus dem Holz. Es dauert in etwa ein Jahr bis das Holz einen zufriedenstellenden Feuchtigkeitsgehalt erreicht hat. In der Regel lässt man das Holz aber länger reifen. Dies wirkt sich positiv auf die Qualität des Cognacs aus: er wird geschmeidiger und reintöniger.

Erwähnenswert bei der Herstellung der Fässer ist, dass sie immer wieder zwischendurch befeuchtet und über offenem Feuer erhitzt werden, während die Fasszüge am unteren Ende des Fasses angebracht und nach und nach zusammengezogen werden. Dies bewirkt, dass die Fassdauben elastisch werden und sich immer enger aneinanderlegen, bis sie schließlich, ohne Nägel oder Leim, dicht abschließen.

Anschließend werden die Fässer von innen ausgebrannt (*Toasting*). Bei diesem Prozess werden Holzaromen wie Vanille und geröstetes Brot entwickelt. Beim Ausbrennen werden Makromoleküle des Holzes abgebaut und es entstehen kleinere aromatische Moleküle die vom Destillat besser aufgenommen werden können. Die Intensität dieses Prozesses nimmt großen Einfluss auf die Merkmale der Branntweine.

Das fertige Fass durchläuft zum Ende des Herstellungsprozesses eine Beständigkeits- und Heißwasserprüfung um eventuelle Undichtigkeiten auszumachen.[27]

7.3. Die Alterung

Um eine Vermischung mit anderen Spirituosen zu vermeiden, geschieht die Lagerung der Destillate in Lagerräumen, die durch eine öffentliche Straße von Lagerräumen, die andere Spirituosen als Cognac enthalten, getrennt ist. Normalerweise weisen die Fässer ein durchschnittliches Fassungsvermögen von 350 L (*Barriques*) auf. Diese Fassgröße weist erfahrungsgemäß das beste Verhältnis von Inhalt zur Holzoberfläche auf. Die Füllung der Fässer muss bis zum 30. April des Jahres, welches auf die Ernte folgt, abgeschlossen sein.

Während der Lagerung findet ein intensiver Austausch zwischen den Aromen des Holzes und des Destillats statt. Außerdem kommt es durch Porosität des Holzes zu gewünschten Oxidationsvorgängen, die für die Alterung von Cognac unverzichtbar sind. Dabei werden vorhandene oder entstehende Aldehyde zu Säure oxidiert, welche danach mit dem vorhanden Alkohol reagiert, und in Ester und Wasser umgewandelt

---

[27] Vgl. Bureau National Interprofessionnel du Cognac, 2009

wird. Diese Veresterung bewirkt eine Anreicherung mit Aromastoffen und „rundet" das Destillat ab. Chemisch stellt sich der Reifungsvorgang wie folgt dar:

Aldehyd + Sauerstoff = Säure + Alkohol = Ester + Wasser

$CH_3CNO + O = CH_3COOH + C_2H_5OH = CH_3COOC_2H_5 + H_2O$

Die Lagerdauer wird bestimmt durch den vom Hersteller gewünschten Geschmack und Geruch des Endprodukts. Ein sehr wichtiger Faktor in diesem Zusammenhang ist auch das Alter der Fässer. Während Destillate in neuen Fässern einem intensiven Stoffaustausch mit den Aroma-, Farb- und Geruchsstoffen des Holzes vollziehen, nimmt dieser Effekt mit zunehmenden Alter der Fässer ab. Fässer, die ein Alter von 20-25 Jahren erreicht haben, zeigen sich nahezu nur noch für Oxidationsvorgänge verantwortlich. Jedes Destillat erreicht individuell bei einer gewissen Lagerzeit seinen Höhepunkt, ab dem es sich nachteilig entwickelt. So können sich bei einer Überschreitung dieser individuellen Lagerzeit z.B. Ketone bilden, die für eine gewisse Ranzigkeit des Produktes verantwortlich sein können. Das Destillat wird nur kurze Zeit in neuen Fässern gelagert, damit es nicht zu viele Holzextraktstoffe aufnimmt, und wird danach lange in älteren Fässern belassen. Eine Mindestlagerdauer von zwei Jahren ist vorgeschrieben.[28]

7.4. Die Lagerräume – Luftfeuchtigkeit und Temperatur

Die Luftfeuchtigkeit der Lagerräume wirkt sich auf den Geschmack und Alkoholgehalt des Cognacs aus. Trockene Lager (40-60 % Luftfeuchtigkeit) wirken sich durch Wasserverlust des Destillats hauptsächlich auf das Volumen des Cognacs aus, während der Alkoholgehalt praktisch nicht variiert. Es entstehen Branntweine mit trockenem und prägnantem Charakter.

Feuchte Lager (90-100 % Luftfeuchtigkeit) verdunsten hauptsächlich den Alkohol. Dabei kann der Alkoholgehalt deutlich abfallen. Als Endprodukt erhält man abgerundete und körperreiche Cognacs.

Traditionsgemäß herrschen in Cognaclagern keine gleichbleibenden Temperaturen. Temperaturschwankungen wirken sich jedoch positiv auf die Alterung des Destillats aus und werden in einem Bereich von 7°C bis 22°C als förderlich für die Entwicklung der Destillate betrachtet.[29]

---

[28] Vgl. Kolb et al., 2002, S.45
[29] Vgl. Bureau National Interprofessionnel du Cognac, 2009

7.5. Der Anteil der Engel

Jährlich muss mit einem Verdunstungsverlust von 2-4 % gerechnet werden – dem sogenannten Anteil der Engel. Durch die alkoholhaltige Luft kann sich der schwarze Pilz *„tortulla cognacensis"* ernähren, der Cognaclagerhäuser durch schwarze Fassaden von außen erkennbar macht.[30]

8. Vom Fass in die Flasche

8.1. Verschneiden der Destillate

Um eine möglichst gleichbleibende Qualität zu erhalten, werden Destillate verschiedener Jahrgänge und Sorten miteinander verschnitten. Dieser Vorgang wird als *Mariage* (Hochzeit) bezeichnet. Das Verschneiden ist eine besondere Kunst der Kellermeister, die allein die Anzahl der verwendeten Destillate und deren Mengenanteile bestimmen.[31]

8.2. Herabsetzen auf Trinkstärke

Um den Cognac auf die gewünschte Trinkstärke von 40-43 Vol.-% Alkohol zu bringen, wird dem Destillat während der Lagerung mehrfach destilliertes Wasser oder ein Gemisch aus destilliertem Wasser mit schwachem Cognac zugefügt. Die Herabsetzung auf Trinkstärke erfolgt also in mehreren Einzelschritten und dauert einige Wochen.[32]

8.3. Qualitätsstufen des Cognac

Jeder Cognac, der in den Handel gelangt, muss mindestens zwei Jahre im Eichenfass gelagert worden sein. Die wichtigsten Qualitätsstufen auf einen Blick:

2 Jahre: V.S. (Very Superior), Special usw.

4 Jahre: V.S.O.P. (Very Superior Old Pale), V.O., Reserve usw.

6 Jahre: Extra, X.O., Napoleon usw.[33]

---

[30] Vgl. Kolb et al., 2002, S. 45
[31] Vgl. Siegel et al., 1986, S. 511
[32] Vgl. Siegel et al., 1986, S. 510
[33] Vgl. Kolb et al., 2002, S. 45

Literaturverzeichnis

Bureau National Interprofessionel du Cognac (2009): L´encyclopédie du Cognac, [„Citing sources on the internet"]. URL: http://www.pediacognac.com/?lang=de (zuletzt abgerufen am 27.02.2013)

Fauth, R., Frank, W., Kolb, E., Simson, I., & Ströhmer, G. (2002): Spirituosentechnologie; Hamburg: B. Behr´s Verlag GmbH & Co.

Schäfer, B. (2011): Cognac/Weinbrand/Brandy/Armagnac, [„Citing sources on the internet"]. URL: http://www.jedem-sein-genuss.de/sites/default/files/premiumbr_cognac.pdf (zuletzt abgerufen am 27.02.2013)

Siegel, Simon, Siegel, Sieglinde, Lenger, H., Roman, P., & Radl, G. (1986): Handlexikon der Getränke; Linz: Trauner Verlag